美国儿童
自我保护技能训练

how to tell your child

〔印〕迪帕·库玛◎著
印度雅什拉姆（Yashram）品牌设计公司◎绘　　石　婧◎译

U0239369

北京科学技术出版社

Ms P's Lessons on Child Safety

by Deepa A Kumar and Illustrated by Yashram Lifestyle Brands Pvt Ltd.

Copyright © 2016 by Yashram Lifestyle Brands Pvt Ltd.

Simplified Chinese translation copyright © 2018 by Beijing Science and Technology Publishing Co., Ltd.

ALL RIGHTS RESERVED.

著作权合同登记号 图字：01-2018-0438

图书在版编目（CIP）数据

美国儿童自我保护技能训练 /（印）迪帕·库玛著；印度雅什拉姆（Yashram）品牌设计公司绘；石婧译. —北京：北京科学技术出版社，2018.11（2025.4 重印）

ISBN 978-7-5304-9635-0

Ⅰ. ①美… Ⅱ. ①迪… ②印… ③石… Ⅲ. ①安全教育—儿童读物 Ⅳ. ① X956-49

中国版本图书馆 CIP 数据核字（2018）第 076373 号

策划编辑：石　婧	**电　　话**：0086-10-66135495（总编室）
责任编辑：原　娟	0086-10-66113227（发行部）
封面设计：沈学成	**网　　址**：www.bkydw.cn
图文制作：沈学成	**印　　刷**：北京捷迅佳彩印刷有限公司
责任印制：张　良	**开　　本**：889mm×1194mm　1/20
出 版 人：曾庆宇	**字　　数**：30 千字
出版发行：北京科学技术出版社	**印　　张**：2.2
社　　址：北京西直门南大街 16 号	**版　　次**：2018 年 11 月第 1 版
邮政编码：100035	**印　　次**：2025 年 4 月第 9 次印刷
ISBN 978-7-5304-9635-0	

定　　价：48.00 元

这本书属于

_____

"安全小盾牌能保护你们远离坏人。你们觉得怎样才能看出谁是坏人呢？"

他们有**大大的手**，笑起来很邪恶。

呃，他们有大大的、红红的眼睛。

呃，坏人有大大的牙齿。

坏人看上去也许并不坏，他们和其他人长得一样。

"不，亲爱的。"

有些坏人长得很好看，笑容亲切，还很酷。

他们的口袋里甚至有大把好吃的糖果。

噢，这太难了吧。我们要怎样才能分辨出谁是坏人呢？

"学习了安全课程你们就知道啦，这可以教会你们怎么保护自己。我们先来了解一下人的身体吧。我们要重点说一下隐私部位。"

"隐私部位也是我们身体的一部分，就像我们的手、脸和脚一样。"

对男孩来说，生殖器和小屁股是隐私部位。

对女孩来说，胸部、生殖器和小屁股是隐私部位。

"之所以叫隐私部位，是因为有其他人在场的时候，这些部位不能露出来。即使在游泳时，我们把内衣都脱掉了，也要穿上泳衣遮盖隐私部位。"

"如果有人要看你的隐私部位，或者让你看他的隐私部位，这种情况就叫作'视觉警报'。"

男人在女孩面前脱衣服。

男人偷窥女孩换衣服。

女人让男孩看裸女的照片。

女人在男孩面前脱衣服。

"这些都是
视觉警报哦！"

男人看男孩的隐私部位。

"如果有人谈论你的隐私部位，这种情况就叫作'言语警报'。但是，老师教你们认识隐私部位时，可以谈论。

你可以勇敢地和爸爸妈妈谈论自己的隐私部位。如果你有一些关于隐私部位的问题或者你的隐私部位受到伤害，你必须说出来，他们肯定会给予你帮助。"

男人和孩子谈论男孩的隐私部位。

女人对男孩说:"让我看看你的小鸡鸡。"

男人对女孩说:"让我看看你的小屁股。"

"这些都是**言语警报**哦!"

"如果有人触摸你的隐私部位，或者让你触摸他的隐私部位，这种情况就叫作'触摸警报'。

不要让任何人随意看、谈论或触摸你的隐私部位，洗澡的时候，你要学会自己清洗隐私部位。"

注意！

当孩子具备一定的自理能力时，爸爸妈妈就要放手并鼓励孩子自己清洗隐私部位，让孩子尽早建立自我保护意识。

触摸警报

男人触摸女孩的胸部。

男人让男孩触摸他的生殖器。

男人让女孩触摸他的生殖器。

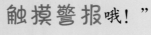

"这些都是**触摸警报**哦！"

男人触摸男孩的生殖器。

"如果得到了爸爸妈妈的允许，就是可以的。所以，可以让爸爸妈妈为你列一个'看护人名单'。"

可是，如果我洗澡的时候需要帮助，保姆阿姨可以来浴室帮我吗？

注意！

家长要经常查看这个"看护人名单"。建议家长每隔几个月就和孩子一起更新一下这个名单，特别是孩子的生活环境发生变化的时候。

爸爸妈妈列出"看护人名单"

小·游戏

让爸爸妈妈说出你认识的人的名字，你要快速回答他们是否在你的"看护人名单"里。

"单独与陌生人在一起，叫作'独处警报'。因为这个时候陌生人很容易伤害你，所以要尽量避免与陌生人单独相处。如果你发现自己正单独与陌生人在一起，一定要想办法去人多的地方。另外，千万不要接受陌生人给的好吃的食物，尤其是爸爸妈妈不在身边的时候。"

不太熟悉的或陌生的女人带一个女孩去偏僻的街道。

一个不太熟悉的或陌生的男人邀请一个男孩搭车。

一个女孩独自在家的时候，陌生人来查水表或者送快递。

电梯里一个女孩和一个陌生男人独处。

一个不太熟悉的人或陌生人给你食物。

一个陌生人自称是你爸爸妈妈的朋友，接你放学。

"这些都是**独处警报**哦！"

"一定不要让任何人随意拥抱或亲吻你，如果有人这样做，就是'亲密行为警报'。"

男人强行拥抱男孩。

女人强行亲吻男孩。

女人强行拥抱男孩。

"这些都是
亲密行为警报哦！"

男人强行亲吻女孩。

你应该和爸爸妈妈一起列一个属于自己的"爱心名单"。这个名单里的人是可以拥抱或者亲吻你的人。一定要记住,"爱心名单"和"看护人名单"是不一样的,并且"爱心名单"也要经常更新。

我很爱我的姑姑,我们会拥抱也会亲吻,这也算"亲密行为警报"吗?

"噢,亲爱的,这个问题提得非常好。你的姑姑当然可以拥抱你、亲吻你。因为她在你的'爱心名单'里呀。"

爱心名单

小·游戏

让爸爸和妈妈说出你认识的人的名字，你要快速回答他们是否在你的"爱心名单"里。

"如果你不喜欢被别人触碰，你一定要对他说'不'！身体是你自己的，你应该照顾好自己，完全不用害怕。"

如果有人非要抱我，我该怎么办呢？

"如果有人曾经伤害过你，或者正在伤害你，你一定要对他说"不"！你一定要勇敢，不要害怕，可以把事情告诉爸爸妈妈或者熟悉的人。这样，你还可以帮助其他小朋友远离那个坏人。"

现在，我们学完了安全课程，你们准备好做小测试了吗？

1 找出图中的隐私部位，并在旁边用 ★ 做标记。

②　用书后的贴纸将下面两个小朋友的隐私部位遮住。

3 列出你的"看护人名单"和"爱心名单"。并为名单上的人画头像。头像应尽量贴近本人真实的样子。

看护人名单

爱心名单

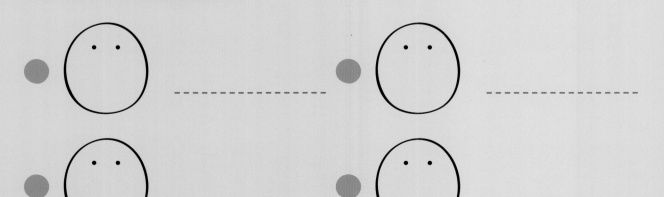

太棒啦，你已经完成了前面的3道题目，现在来做最后2道题目吧。

④ 请把书后的警报贴纸相应地贴在下列行为旁边，正常行为则贴上"✔"。

医生为女孩检查身体时，女孩的妈妈在场。

男人在女孩面前脱衣服。

男人夸女孩的胸部好看。

不太熟悉的人或陌生的男人邀请一个孩子搭车。

老师叫一群孩子进入教室。

男同学说某个女孩的
胸很大。

女人让男孩看裸女的
照片。

男人让女孩触摸他的
生殖器。

男人触摸女孩的胸部。

不熟悉的女人带女孩
去偏僻的街道。

保姆阿姨帮孩子穿衣服。

陌生男人看男孩的生
殖器。

不太熟悉的人或陌
生人给你食物。

男人偷窥女孩换衣服。

陌生男人强行亲吻
和拥抱男孩。

老师在课堂上给学
生讲解什么是隐私
部位。

陌生女人强行亲吻和
拥抱男孩。

这5种警报你都记住了吗?

5 把警报名称写在相应的标志下方。

家长小课堂

关于隐私部位

1. 家长要在适当的时候（比如在给孩子洗澡时）告诉孩子哪些部位是隐私部位，并教会孩子认识自己的隐私部位。

2. 家长要教孩子用正确的名称称呼隐私部位，比如乳房、生殖器、阴道、阴茎等。要让孩子明白，这些器官就是像手和脚一样，都是我们身体的一部分。

3. 家长要教孩子自己清洗隐私部位，越早越好。

4. 家长要告诉孩子，不应该在公众场合谈论别人的隐私部位或者展示自己的隐私部位。

![家长小课堂]

关于"看护人名单"

1."看护人名单"里应该都是家长觉得可以信任的人，是那些可以给你的孩子洗澡、换衣服以及与你的孩子单独相处的人。

2.家长要和孩子一起列出"看护人名单"。如果你的孩子不想将某人列在名单里，你必须找出原因。家长要对孩子负责，不要让孩子对名单里的人有抵触情绪。

3.你可能把孩子的祖父母加入"看护人名单"中。其实，你应该关注孩子的日常生活，将可能与他们亲密接触的人找出来，加入名单当中。

4.你也可以列出一个"非看护人名单"。名单上的这些人不应该谈论、查看或者触摸孩子的隐私部位。列出这个名单看起来好像不太友好，所以要向孩子做出明确的解释。

5."看护人名单"有利于孩子分辨哪些人可以触摸自己的隐私部位，并帮助他们做出正确的决定。

关于"爱心名单"

1."爱心名单"里的人是那些可以拥抱、亲吻你的孩子的人。

2. 和你的孩子一起列出"爱心名单"。如果你的孩子不想将某人列在名单里，你必须找出原因。家长要对孩子负责，不要让孩子对名单里的人有抵触情绪。

3. 每个家庭都有其独特的成员相处模式，有些家庭的成员之间很喜欢互相拥抱和亲吻，有些家庭却不是这样的。所以，这个"爱心名单"要根据你家的实际情况来调整。

4. 如果你的孩子很小，他很可能在托儿所或者学校里被老师拥抱、亲吻。如果是这样，你可能要在名单里加上老师的名字。当然，你可以去参观孩子的学校或者和老师讨论一下照看孩子的方式。

5. 你也可以列出一个"非爱心名单"。名单上的这些人不应该拥抱你的孩子。列出这个名单可能看起来不太友好，所以要向孩子做出明确的解释。

6. 如果你可以清晰地列出这份名单，将有利于孩子分辨哪些人可以拥抱、亲吻他们，并帮助孩子做出正确的决定。

7. 要经常更新这个名单。我们建议你每隔几个月就和孩子一起更新一次名单，特别是孩子的生活环境发生变化的时候。

作者的话

我叫迪帕，是一位有两个女儿的妈妈。像所有妈妈一样，我也希望能保护好自己的孩子，让她们远离伤害。当然，我也知道自己不能永远陪在孩子身边保护她们。大家都知道，保护孩子的最佳方法就是让他们学会自我保护。但是，作为家长，直接和孩子谈论性侵犯这个话题有些难以启齿，一些家长会用委婉的语言，比如"恰当的触摸"或"不恰当的触摸"来给孩子简单描述什么是性侵犯，还有一些家长会告诉孩子要遵循"内衣法则"（译者注：指内衣覆盖的部位不能让别人随意触摸），遇到性侵犯要及时说不、大声呼救、迅速逃跑或者告诉家长和老师，但是这些还远远不够。

在日常生活中孩子可能遇到一些坏人，坏人会和他们谈论露骨的话题，拥抱或者不怀好意地亲吻他们，甚至要求他们脱掉衣服。不幸的是，这些情况并没有涉及触摸隐私部位，这会令孩子很困惑，也不能分辨、识别出这些行为其实都属于性侵犯。所以，我总结出了5种警报——视觉警报、言语警报、独处警报、触摸警报和亲密行为警报，并想出了让家长和孩子一起列出"看护人名单"和"爱心名单"的办法，希望孩子可以分辨不同形式的性侵犯。我认为结合不同场景给孩子讲述性侵犯的概念会更有效、更便于孩子理解。

我还设计出了一个虚拟人物——皮皮龙老师，由她给孩子讲述相关性教育知识会令孩子易于接受，并且能为本书增添趣味性。让孩子在害怕中学习知识可不太好。

另外我还想告诉孩子，即使遇到了性侵犯，你也不应该觉得美好的生活就此结束了。生命如此美好，不应该让某些人的邪恶行为毁掉它。所以，这本书里的所有内容也都是积极向上的。

我相信这个世界上的所有父母都会遇到同样的问题与挑战，欢迎大家登陆我们的网站（网址：www.howtotellyourchild.com）分享自己的经历。目前，我们已经收到了来自世界各地的家长的热情反馈，有40多个国家的学校、家长和社区都在使用本书，并发现这确实是一种简单有效的交流方式。

亲爱的家长朋友们，请和我一起，为我们的孩子们创造一个安全的成长环境。

迪帕

安全小卫士证书

祝贺你顺利地通过测试!

你将获得安全小卫士证书和安全小盾牌,希望你能在保护好自己的同时,将相关的安全知识讲给更多的小朋友听!

孩子通过测试后,家长可沿虚线将此证书剪下,并颁发给孩子。